花边食事：
轻松下厨不失败

爱生活的边边　著

黑龙江科学技术出版社
HEILONGJIANG SCIENCE AND TECHNOLOGY PRESS

图书在版编目（CIP）数据

花边食事：轻松下厨不失败 / 爱生活的边边著. --
哈尔滨 ：黑龙江科学技术出版社，2017.8
ISBN 978-7-5388-9245-1

Ⅰ. ①花… Ⅱ. ①爱… Ⅲ. ①食谱－中国 Ⅳ.
①TS972.182

中国版本图书馆CIP数据核字(2017)第097011号

花边食事：轻松下厨不失败

HUABIAN SHISHI: QINGSONG XIACHU BU SHIBAI

作　　者 爱生活的边边
责任编辑 刘　杨
摄影摄像 深圳市金版文化发展股份有限公司
策划编辑 深圳市金版文化发展股份有限公司
封面设计 深圳市金版文化发展股份有限公司
出　　版 黑龙江科学技术出版社
地址：哈尔滨市南岗区公安街70-2号　邮编：150007
电话：（0451）53642106　传真：（0451）53642143
网址：www.lkcbs.cn　www.lkpub.cn
发　　行 全国新华书店
印　　刷 深圳市雅佳图印刷有限公司
开　　本 889 mm×1194 mm　1/32
印　　张 6
字　　数 120千字
版　　次 2017年8月第1版
印　　次 2017年8月第1次印刷
书　　号 ISBN 978-7-5388-9245-1
定　　价 35.00元

生活中的美好食光

我姓边，从小身边的朋友就叫我“边边”，喜欢美食，是一个有点理想主义情结的伪文艺女子。

和许多人一样，在生宝宝之前，我做着一份不喜欢，但是能维持生计的工作；在宝宝 Evan 出生之后，我努力做一个让宝贝和家人感到幸福温暖的妈妈，把更多的时间和精力转向了家庭。《花边食事》是我有了宝宝之后，在自己的生活中所发现的世外桃源。

为了能在 Evan 最初的味觉记忆中种下专属的“妈妈的味道”，我开始研究美食，学习烘焙，记录自己的心得。从拍摄美食照片到拍摄视频食谱，乐此不疲，幸运的是家人对我的选择非常理解和支持。

慢慢地，我发现我拍的美食开始影响到身边的人，于是我把菜谱和视频分享到网上，随着越来越多的朋友喜欢，我得到了更多的快乐，幸福感和成就感相伴而来！

认真地吃每一餐，用心对待身边每一个人，生活本该简单！

目　　录

Contents

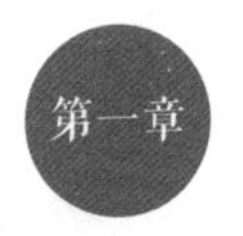

细水长流的日常滋味

含情脉脉的韩剧美食

量身定做的星座美食

第四章

让人垂涎的特色小吃

难以抗拒的休闲零食

第一章

细水长流的日常滋味

时间如同流水一般在我们身边流过，
有时细腻温润如同清风拂面，
有时又粗犷寒涩如同暴雨倾城。
温润得令人爱不释手，寒涩得令人难以释怀。
然而，无论时光怎样温润、如何寒涩，
日子总是要过。
年少时，我们都喜欢烟花般绚丽多彩的生活，
但成家后，我们更喜欢细水般长流的日常滋味。

CHAPTER 01

丰盛的美食：砂锅土豆粉

砂锅与土豆的完美邂逅，

一道不仅好吃，而且做法超级简单，

又异常丰盛的美食！

扫我看视频

砂锅土豆粉

◎ 材料

鲜土豆粉1包，金针菇、豆腐皮、海带丝各50克，香菇3朵，鹌鹑蛋4个，油菜3棵，各类鱼丸适量

◎ 调料

川味火锅底料1/4包

◎ 做法

1. 将鲜土豆粉放入冷水中打散。

2. 金针菇切去根部，豆腐皮切成丝，香菇切片，鹌鹑蛋煮熟剥去蛋壳。

3. 砂锅中注水，加入火锅底料，煮开后放入除了土豆粉和油菜之外的所有食材煮5分钟。

4. 放入土豆粉，继续煮3分钟后放入油菜煮1分钟即可关火。

CHAPTER 02

一个人的美味：葱油炒面

想简单、快捷、美味，

一个人的时候不知道吃什么好？

做一份葱油炒面吧，

满足你所有的需求哦！

扫我看视频

葱油炒面

◎ 材料

蒸熟的面条 250 克，香葱 150 克

◎ 调料

油 100 毫升，酱油 100 毫升，糖 30 克

◎ 做法

1. 香葱切段备用。
2. 锅中倒油加热到六成热放入葱段，小火慢炒，炒到葱变干后放入酱油和糖。
3. 糖完全溶化、酱油煮沸即可关火，将炸好的葱油装入瓶子里放冰箱冷藏保存，随吃随取。
4. 锅中放入炸好的葱油，加入面条翻炒均匀，炒 3 分钟盛出。

CHAPTER 03

传奇滋味：水煮牛肉

有多少美味，

就有多少传奇。

水煮牛肉，通过古老的烹饪方式，

造就一种令人难忘的美妙滋味。

扫我看视频

当煮牛肉的水变成肉色，牛肉的香味也随之散发出来。

牛肉的鲜嫩混合蔬菜的青脆，加之花椒粉、干辣椒和蒜末的调味，又是一种美妙滋味。

水煮牛肉

材料◎

牛肉400克，娃娃菜1棵，黄豆芽150克，蛋清1个，葱姜蒜末适量

调料◎

酱油、蚝油、郫县豆瓣酱、生粉、白胡椒粉、糖、油、花椒粉、干辣椒、盐各适量

做法◎

1.将牛肉洗净，切成薄片，加入糖、白胡椒粉、蚝油、生粉、蛋清抓匀。

2.黄豆芽洗净去掉根部，放入开水中焯烫5分钟，捞出垫在碗底。

3.锅中注油，放入葱姜末爆香，放入郫县豆瓣酱炒出红油，加水煮沸。

4.放入酱油、盐调味。将娃娃菜放入锅中烫熟，捞出装碗，水沸后，放入牛肉。

5.煮至牛肉变色后关火，将其倒进铺了蔬菜的大碗中，撒上花椒粉、干辣椒和蒜末。

6.锅中烧一些热油，泼在牛肉上面，即可食用。

CHAPTER 04

开胃的排骨：糖醋排骨

是不是总有一个时刻，

明明很饿，却又不知道想吃什么，

试一下糖醋排骨吧，没准正合你的胃口呢！

扫我看视频

陈醋和冰糖的渗入，造就了这道菜令人回味的酸甜口感。

随着锅内温度的升高，倒入的陈醋和冰糖开始溶化成焦糖黏在排骨上，色泽和香味越发浓烈。

糖醋排骨

◎ 材料

排骨 600 克，葱、姜各适量

◎ 调料

冰糖 50 克，料酒、酱油各 10 毫升，陈醋 40 毫升，油 20 毫升，熟芝麻适量，盐适量

◎ 做法

1. 将排骨剁成段，汆入开水锅，汆去血沫；葱、姜切丝备用。
2. 锅中注油，放葱丝、姜丝炒香，加入排骨炒 3 分钟。
3. 倒入料酒、酱油、陈醋、冰糖、盐调味。
4. 注水没过排骨，盖上盖，大火烧开转小火焖煮 40 分钟。
5. 排骨炖熟后大火收浓汁，出锅前撒入熟芝麻即可。

CHAPTER 05

童年的最爱：南乳猪手

逢年过节，

少不了的一道菜，

陪伴了这么多年，依旧是我的心头爱！

扫我看视频

南乳猪手

◎ 材料

猪手 600 克，葱花、姜片各适量

◎ 调料

料酒、酱油各 10 毫升，油 20 毫升，冰糖 50 克，盐、腐乳、干辣椒、花椒、八角、香叶各适量

◎ 做法

1. 猪手洗净，从中间一分为二。
2. 锅中注水，放入猪手、料酒、姜片，煮沸去除血沫，捞出。
3. 锅中注油，加入葱花、姜片、干辣椒、花椒、八角、香叶炒香。
4. 放入猪手翻炒 1 分钟，加入酱油、冰糖、腐乳、盐，注水没过猪手。
5. 大火煮沸后，转小火炖煮 70~90 分钟，直至猪手软烂。
6. 开大火收汤汁，盛出猪手装碗即可。

CHAPTER 06

欢乐的年味：祥瑞酱牛肉

口齿生香的酱牛肉，

每年春节必不可少的一道菜。

见证了我一路的幸福与欢乐，

现在想来，心里还是美美的！

扫我看视频

锅中放入黄酱汁，牛肉便有了黄酱汁的颜色。

但要将煮熟的牛肉变成色泽诱人、美味可口的酱牛肉，还需要更多的时间和火候。

祥瑞酱牛肉

材料 ◎

牛腱子肉 1500 克，葱、姜各适量

调料 ◎

料酒 50 毫升，黄酱 60 克，花椒 20 克，草果 2 个，丁香 6 个，八角 3 个，豆蔻 4 个，桂皮 1 块，油、盐各适量

做法 ◎

1. 牛腱子肉洗净，根据筋膜纹理改切成大块。
2. 锅中注少许油，放入花椒煸香后盛出。黄酱加适量水调成汁。
3. 取盆放入牛肉、葱、姜、煸炒后的花椒、料酒，拌匀，腌渍 3 小时。
4. 锅中注水，放入腌渍后的牛肉，大火煮开，撇去血沫后捞出。
5. 砂锅倒入牛肉，加热水、丁香、八角、桂皮、豆蔻、草果、黄酱汁、盐。
6. 小火炖煮 2 小时至熟，在汤中浸泡 4 小时以上再食用更入味。

CHAPTER 07

火红美食：花开富贵虾

喜庆的日子，

怎么少得了火红的美食，

花开富贵虾，越吃越红火！

扫我看视频

虾线中含有苦味的物质，会掩盖鲜虾清甜的味道，必须清除。

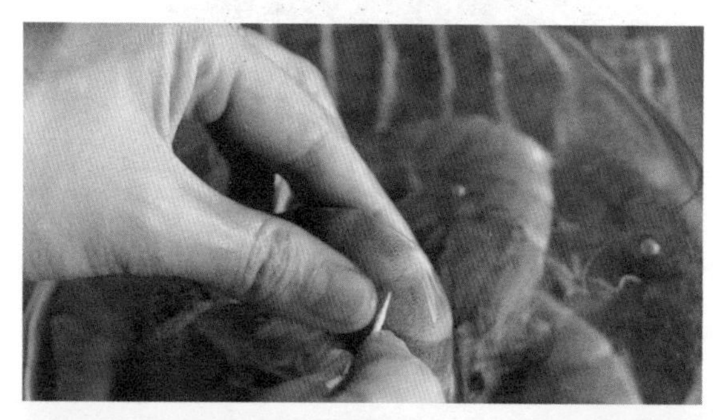

摆好粉丝和虾，浇上调料，放入蒸锅，剩下的便可以交给时间，虾蒸透后便成为一道诱人的美味。

花开富贵虾

◎ 材料

大虾 400 克，粉丝 90 克，香葱 2 棵，大蒜 4 瓣

◎ 调料

糖 6 克，盐 3 克，料酒 5 毫升，蒸鱼豉油 10 毫升，油 20 毫升，小米椒 6 个

◎ 做法

1. 香葱切成末。将粉丝放入 5℃的温水中浸泡 15 分钟。

2. 用牙签挑出虾背上的虾线，切开虾背。

3. 粉丝放入盘中，中间叠高，摆上大虾。

4. 大蒜切末，加入料酒、蒸鱼豉油、盐和糖调成料汁，浇在切开的虾背上，连盘放入蒸锅，上汽后蒸 7~8 分钟。

5. 蒸熟后，撒上小米椒和香葱末，淋上滚油即可。

CHAPTER 08

热辣香甜：红咖喱鸡块烩杂蔬

鸡块与蔬菜怎样搭配更美味？

不妨试一下这一道菜。

红咖喱的热辣配上椰浆的香甜，

刺激却不单调，据说试过的人都爱上了哦！

扫我看视频

红咖喱鸡块烩杂蔬

◎ 材料

红咖喱 50 克，鸡腿 2 个，口蘑 5 个，洋葱半个，土豆、西红柿、胡萝卜各 1 个

◎ 调料

椰浆 1 罐，黄油 5 克，油适量

◎ 做法

1. 鸡腿剁小块，土豆去皮切块，胡萝卜切滚刀块。
2. 口蘑切成两半，洋葱切粗块，西红柿切成块。
3. 锅中加一小块黄油，化开后放入土豆和胡萝卜，煎至表面金黄后盛出备用。
4. 锅加热，倒入油，炒香红咖喱，加鸡块翻炒上色，放入洋葱炒香。
5. 倒入椰浆，大火烧开，转小火煮鸡肉 15~20 分钟。
6. 加入煎过的土豆、胡萝卜以及西红柿和口蘑继续炖煮 20 分钟即可。

CHAPTER 09

不腻的油虾：油焖大虾

简单的做法，

就能烹饪出意想不到的美味。

一盘油焖大虾，

让你尽享鲜香甜咸。

扫我看视频

油焖大虾

材料 ◎

大虾 700 克，葱 50 克，姜 50 克

调料 ◎

白糖 35 克，醋 25 毫升，盐 5 克，油适量

做法 ◎

1. 虾用牙签去掉虾线，葱、姜切丝。

2. 锅里放入比平时炒菜多一倍的油，油热后放入葱、姜爆香。

3. 放入虾炒至虾肉变色，放入糖和盐调味，继续翻炒均匀。

4. 待虾肉变紧实倒入醋，翻炒 3 分钟左右即可盛出。

CHAPTER 10

惊艳的组合：豇豆酿肉

豇豆与肉的完美组合，

让人惊艳的一道菜！

豇豆和肉这样做，

看起来就很好吃。

扫我看视频

豇豆酿肉

材料 ◎

豇豆500克，猪肉馅250克，海米25克，干香菇8朵，葱、姜各适量

调料 ◎

盐、生粉各5克，酱油15毫升，蚝油10克，熟芝麻、生抽、淀粉、油各适量

做法 ◎

1. 葱、姜切末，同泡发好的香菇、海米放入猪肉馅中，加酱油、2克盐、生粉和匀。
2. 锅中注水煮开，放入豇豆烫2分钟捞出，编成大小合适的圆形，酿入肉馅。
3. 平底锅中注油预热，放入酿好的豇豆煎煮至两面金黄。
4. 取一小碗，倒入生抽、蚝油、3克盐、淀粉、水调成芡汁，倒入煎好的酿豆角里。
5. 盖上锅盖，中小火焖3分钟，剩下一点汁时关火装盘。
6. 出锅后撒少许熟芝麻做点缀即可。

CHAPTER 11

虾酒风味：鲜虾酿香菇

美味与颜值并存，

鲜虾与香菇的绝妙吃法，

和你爱的家人一起品尝吧！

扫我看视频

棕色的香菇，搭配红白相间的肉馅，看着就很有爱。

随着油温的升高，锅中的肉馅也会慢慢变成金黄色，散发出美妙的味道。

鲜虾酿香菇

◎ 材料

大虾 10 只，牛肉馅 150 克，香菇 10 朵，葱、姜各适量

◎ 调料

盐、生粉各 5 克，胡椒粉 3 克，酱油 7 毫升，香油 6 毫升，料酒 5 毫升，水淀粉适量

◎ 做法

1. 大虾去虾线虾壳，虾肉从中间切开保留虾尾部分，虾肉前端切碎。
2. 香菇去掉中间的梗，保留上边的部分，葱、姜切末。
3. 牛肉馅中加入虾肉、葱姜末、料酒、酱油、胡椒粉、盐、生粉、3 毫升香油调匀。
4. 将调好的肉馅酿入香菇中，虾尾插入肉馅中间，放入锅中蒸 15 分钟。
5. 将蒸出来的汤汁倒入锅中，加少许水淀粉和剩余香油调成芡汁，淋在蒸好的香菇上即可。

CHAPTER 12

剩饭比萨：番茄鸡肉焗饭

剩饭了怎么办？

不如做成番茄鸡肉焗饭吧！

看起来很像比萨哦，

当然，最重要的是美味！

扫我看视频

米饭上盖上炒好的鸡肉和蔬菜，便变得诱人起来。

马苏里拉奶酪，不仅赋予了番茄鸡肉焗饭独特的香甜，也赋予了它比萨般的拉丝效果。

番茄鸡肉焗饭

材料 ◎

樱桃番茄 100 克，青椒 1 个，鸡胸肉 1 块，隔夜米饭 1 碗，洋葱半个

调料 ◎

马苏里拉奶酪 50 克，黑胡椒 2 克，生粉 2 克，盐 5 克，料酒 5 毫升，油适量

做法 ◎

1. 鸡胸肉切丁，加入黑胡椒、料酒、生粉，腌渍 10 分钟。
2. 樱桃番茄对半切开，青椒、洋葱切丁。
3. 平底锅中注油，放入腌好的鸡丁翻炒至变色，加入洋葱炒香，再加入樱桃番茄炒出汁，加入盐调味，放入青椒翻炒几下。
4. 把米饭盛入可以入烤箱的容器，盖上炒好的鸡肉和蔬菜，撒上马苏里拉奶酪。
5. 放入烤箱设置温度 200℃，烤 15 分钟，拿出即可享用。

CHAPTER 13

暖胃的鲜味：金牌肥牛饭

有什么暖胃的食物，

比牛肉味道更鲜美？

特别是肥牛肉配上米饭，

美味更是妙不可言！

扫我看视频

金牌肥牛饭

材料 ◎

肥牛肉片 200 克，西蓝花 100 克，胡萝卜 50 克，洋葱半个，米饭半碗

调料 ◎

蚝油 6 克，糖、盐、生粉各 5 克，香油 6 毫升，生抽 10 毫升，熟芝麻适量，油适量

做法 ◎

1. 西蓝花切块，胡萝卜用模具切成你喜欢的形状，洋葱切丝。
2. 沸水锅中放入西蓝花、胡萝卜焯烫 5 分钟捞出，肥牛肉片焯烫 1 分钟捞出。
3. 取一个小碗倒入生抽、蚝油、糖、盐、生粉、水调成一碗料汁。
4. 锅中注油放入洋葱丝炒香，加入肥牛、料汁炒匀，关火后倒入香油拌匀。
5. 在米饭上摆上西蓝花、胡萝卜和肥牛肉片。
6. 向碗中淋上肥牛汤汁，撒上熟芝麻即可。

CHAPTER 14

米饭的逆袭：泡菜饭团

泡菜与米饭的巧妙搭配，

让寻常的米饭，

立马变得高大上起来。

简单易学，可以试一下哦！

扫我看视频

泡菜饭团

材料 ◎

大米 100 克，辣白菜 50 克，黄瓜 1 根，海苔适量

调料 ◎

韩式辣酱 8 克，熟芝麻适量

做法 ◎

1. 大米加水焖成米饭，黄瓜切片。
2. 用剪子将辣白菜剪成小块，将海苔剪成条。
3. 米饭装碗，加入辣白菜块、韩式辣酱、海苔条，拌匀。
4. 用保鲜膜把拌好的米饭包起来捏成饭团。
5. 盘子里垫上黄瓜片，放上饭团，撒上熟芝麻即可。

CHAPTER 15

繁华的味道：酒煮花甲

繁华的味道，

就像一盘酒煮花甲，

只有静静享受过它的人才知道。

扫我看视频

鲜嫩的花甲和葱白、红辣椒炒在一起，味香色美。

再倒入米酒，微微自然的酒香与花甲的咸鲜融为一体，美味而醉人。

酒煮花甲

◎ 材料

花甲 750 克，米酒 150 毫升，葱、姜各适量

◎ 调料

油 10 毫升，干辣椒 4 个，小米椒 4 个，米酒、盐适量

◎ 做法

1. 将花甲用牙刷刷干净，放入盆中，倒入清水、盐、油，静置 2 小时，让其吐沙。
2. 将葱洗净切成段，分开葱白和葱绿。姜切成片。小米椒切段。
3. 锅里注少许油，放入葱白、姜片和干辣椒煸香，再倒入花甲快速翻炒 1 分钟。
4. 花甲微微开口时倒入米酒煮，待其完全开口，撒入小米椒和葱绿翻炒几下即可。

CHAPTER 16

养生药膳：山药排骨粥

药补不如食补!

“补肾养血，滋阴润燥。”

又会有什么药，

会比山药排骨粥更可口?!

扫我看视频

排骨入沸水汆，能去除排骨的腥味，增强食欲。

葱、姜、枸杞、排骨、山药块与米一同煮粥，不仅色泽柔润，而且香味浓郁。

山药排骨粥

材料 ◎

大米 100 克，排骨 400 克，山药 300 克，枸杞 10 克，生姜 15 克，葱 20 克

调料 ◎

料酒 20 毫升，白胡椒粉 3 克，盐 10 克

做法 ◎

1. 山药去皮切小块，生姜切片，葱去掉根部打成结。
2. 锅中注水，放入排骨，加料酒，焯后捞出。
3. 将米淘洗干净放入锅中。
4. 加入洗好的葱结、姜片、枸杞、排骨和山药块，注水，加盐和白胡椒粉调味。
5. 煲煮 1 小时，煮好后的粥可以根据个人口味加适量的香油和葱花调味。

CHAPTER 17

解馋又爽口：夏日冷面

夏天想吃点冷食解馋，

有什么比一碗冷面更爽口？

Q弹的面条加上多味的调料，

筋道十足，好吃得简直停不下来！

扫我看视频

夏日冷面

材料 ◎

冷面 150 克，梨半个，西红柿 1 个，黄瓜半根，酱牛肉 150 克，鸡蛋 1 个，冰块适量

调料 ◎

熟芝麻适量，红酒醋 25 毫升，生抽 5 毫升，糖 15 克，盐 5 克，辣白菜适量

做法 ◎

1. 黄瓜切丝；梨切片；西红柿切片。
2. 牛肉切片；鸡蛋煮熟后，切成两半。
3. 取一个碗，放入糖、盐、生抽、红酒醋和白开水调匀。
4. 冷面放锅中煮熟后捞出过几遍凉水。
5. 碗中放入冰块，放入冷面，摆上所有其他的食材。
6. 倒入事先调好的汤底，撒上熟芝麻即可。

CHAPTER 18

绝世好面：双茄打卤面

光看见这肉臊子就令人垂涎！

分量如此厚道的打卤面，

市面上已不常见，不如自己做一份吧。

扫我看视频

双茄打卤面

◎ 材料

手擀面 300 克，牛肉馅 200 克，茄子 250 克，西红柿 300 克，香葱 3 棵

◎ 调料

酱油 15 毫升，蚝油 10 克，糖 5 克，香油 5 毫升，盐、油各适量

◎ 做法

1. 茄子去皮，切成丁，加盐拌匀，腌渍 10 分钟。

2. 挤除腌渍茄子中多余的水分。西红柿去皮，切成丁；香葱切段。

3. 锅中倒油，放入香葱爆香，放入牛肉馅炒至变色，放入茄子丁、酱油、蚝油翻炒均匀。

4. 放入西红柿，翻炒 2 分钟，加入盐和糖调味，炒至西红柿软烂即可盛出，淋入香油拌匀。

5. 锅中注水煮开，放入手擀面，煮熟后捞出过一遍冷水，装盘淋上双茄卤即可。

CHAPTER 19

天然的色彩：五彩凉拌时蔬

不同的蔬菜，不同的色彩。

你想不想知道这些色彩，

拌在一起品尝有多么美妙？

和我做一盘五彩拌时蔬你就知道。

扫我看视频

自制的调料是五彩凉拌时蔬的精髓所在。

五彩缤纷的蔬菜，配上味香、色泽红润的调味酱，令人忍不住想要尝几口。

五彩凉拌时蔬

材料 ◎

苦苣1小棵，樱桃萝卜4个，樱桃番茄10个，大蒜4瓣，小青瓜2个，生菜球半个，彩椒1个

调料 ◎

醋10毫升，糖、盐各5克，红油辣椒少许

做法 ◎

1. 将所有食材洗净切成小块装入大碗。
2. 将大蒜掰开，去皮，切成蒜末，装入小碗。
3. 加入醋、糖、盐和红油辣椒调成一碗料酱。
4. 将调好的料酱倒入处理好的蔬菜中拌匀即可食用。

CHAPTER 20

补脑的饭：核桃饭

吃饭还能补脑？

那是当然，加了核桃嘛！

经常用脑，别忘了有空做一碗核桃饭。

扫我看视频

核桃捣成泥后，不仅口感更细腻，而且其营养物质更易被人体吸收。

核桃泥和大米融合在一起，有一股说不出来的奇妙香味，捏成饭团后，越发显现。

核桃饭

◎ 材料

大米 200 克，核桃 100 克

◎ 调料

酱油 10 毫升，米酒 5 毫升

◎ 做法

1. 将核桃全部凿开，取出核桃仁捣成泥。
2. 大米淘洗净，放入适量的水、核桃泥、酱油和米酒搅匀。
3. 加盖焖煮 40 分钟。
4. 凉到温热后捏成饭团。
5. 配上自己喜欢的配菜即可。

第二章

含情脉脉的韩剧美食

一部韩剧，一种美食，一份恋情，一丝甜蜜。
从天国的嫁衣到来自星星的你，
其中包含了多少浪漫与柔情，
又感动了多少纯情少女，
憧憬过多少欧巴，幻想出多少幸福惬意。
虽然生活不是韩剧，
并不是每个人都能过上剧中那种无限风光的日子。
但每个热爱生活的人，
都会遇上那个与你携手一生的他（她）。
无论阳光有多烈，无论风雨在哪里，
他（她）都会在家等你归来。

CHAPTER 01

初雪之恋：甜蜜韩式炸鸡

舌尖上的韩国美味。

皮焦肉嫩多汁，口感绝妙，

吃得再多也不会觉得腻。

扫我看视频

甜蜜韩式炸鸡

◎ 材料

鸡块 1000 克，洋葱 1 个，鸡蛋黄 2 个，大蒜 4 瓣，淀粉 50 克，面粉 30 克

◎ 调料

韩式辣酱 5 克，咖喱酱 10 克，黑椒酱 15 克，盐、油各适量

◎ 做法

1. 洋葱切丝；鸡块洗干净，用厨房纸吸干水分。
2. 将洋葱丝、蛋黄、黑椒酱、盐放入鸡块中拌匀，腌渍 1 小时以上。
3. 将淀粉和面粉混合均匀裹在鸡块上，放入油锅中炸 8~10 分钟。
4. 大蒜切末炒香，加入韩式辣酱和咖喱酱炒匀。
5. 放入炸好的鸡块裹匀即可出锅。

CHAPTER 02

经典韩味：韩式大酱汤

韩式料理的经典汤!

虽然看上去原料比较多，

但自己在家做也非常简单，

喜欢看韩剧的你，一定要试试哦！

扫我看视频

随着蛤蜊的加入，大酱汤的鲜味越发明显。

出锅前加入的青椒，配合之前放入的韩式辣酱，让大酱汤的辣味更有层次感。

韩式大酱汤

材料 ◎

牛肉、蛤蜊各 100 克，金针菇 50 克，豆腐 200 克，豆芽 50 克，西葫芦、土豆、青椒、洋葱各 1 个，大蒜 4 瓣

调料 ◎

韩式大酱 30 克，韩式辣酱 10 克，油适量

做法 ◎

1. 牛肉、西葫芦、土豆、青椒切片，豆腐切块，豆芽去掉根部，大蒜切片。
2. 锅中倒油，放入大蒜、洋葱、牛肉，炒熟后盛出备用。
3. 锅中倒入淘米水加热，放入韩式大酱和韩式辣酱。
4. 水开后放入土豆、豆腐和豆芽，盖上锅盖煮 15 分钟。
5. 放入金针菇、西葫芦、蛤蜊和炒好的牛肉煮 5 分钟。
6. 出锅前散上青椒即可享用。

CHAPTER 03

美味难挡：无敌韩式拌饭

拌饭界的传奇！

《我叫金三顺》中，

半夜减肥都忍不住偷吃的拌饭，

看她拒不撒手的样子就知道有多好吃。

扫我看视频

腌渍后的牛肉丝腥味减弱，色泽亮丽。

随着高温中的翻炒，牛肉丝的颜色会逐渐加深，透露出的肉香味也更加浓郁。

无敌韩式拌饭

材料 ◎

牛肉、豆芽、菠菜各100克，大米2杯，胡萝卜1根，鸡蛋1枚，香菇4朵

调料 ◎

酱油、香油各20毫升，胡椒粉10克，辣白菜50克，韩式辣酱、油各适量

做法 ◎

1. 锅洗净放入大米加水，蒸熟后保温。
2. 牛肉切丝，香菇切片，胡萝卜切丝，菠菜切段，豆芽去掉根部。
3. 牛肉丝装碗，放入酱油、胡椒粉，腌渍10分钟。
4. 锅中注水烧开，放入菠菜和豆芽烫熟，盛出备用。
5. 锅中注油，依次倒入胡萝卜、香菇、牛肉丝炒熟，煎一个荷包蛋。
6. 将所有食材倒入米饭中，加入韩式辣酱、辣白菜和香油，拌匀即可享用。

CHAPTER 04

媳妇的最爱：斗魂意面

一起用餐吧！

你有多少深情，

就能煮出多少眷恋，

能让离家的媳妇回家的一碗面。

扫我看视频

斗魂意面

◎ 材料

方便面 1 包，午餐肉 50 克，牛奶 150 毫升，口蘑 6 朵，芝士片 2 片，胡萝卜半根，洋葱、香葱各少许

◎ 调料

黄油 10 克，盐 2 克，黑胡椒、辣酱粉各适量

◎ 做法

1. 洋葱、午餐肉和胡萝卜切丝，口蘑切片。
2. 方便面放入锅中煮 12 分钟迅速捞起。
3. 锅中放入黄油，熔化后放入洋葱、胡萝卜、口蘑、午餐肉炒熟。
4. 加入牛奶、黑胡椒和盐煮 12 分钟，加入芝士片。
5. 放入面和辣酱粉，炒匀即可出锅，撒上香葱即可。

CHAPTER 05

禁忌的诱惑：韩式烤五花肉

韩国家喻户晓的美食，

明明知道吃了会长肉，可就是想吃，

连不爱吃猪肉的小表妹都停不下口。

扫我看视频

韩式烤五花肉

◎ 材料

五花肉 500 克，生姜 2 片，大蒜 4 瓣

◎ 调料

蜂蜜 10 克，香油、酱油各 10 毫升，芝麻 10 克，韩式辣酱 15 克，辣椒粉、油各适量

◎ 做法

1. 五花肉切厚片，姜蒜切末。
2. 五花肉中加入蜂蜜、韩式辣酱、酱油、香油、芝麻和辣椒粉。
3. 放入姜蒜末拌匀腌渍 30 分钟。
4. 锅中注油，放入腌好的五花肉，小火煎烤至两面成熟。
5. 盛出装盘即可。

CHAPTER 06

女主的最爱：韩式辣鸡爪

一生见过不少人，

又吃过不少美味，

最忘不掉的食物，

还是韩剧中女主吃的鸡爪！

扫我看视频

韩式辣鸡爪

◎ 材料

鸡爪 500 克，大蒜 8 瓣

◎ 调料

韩式辣酱 10 克，酱油 10 毫升，盐、番茄酱、熟芝麻各 5 克，香油 10 毫升，油适量

◎ 做法

1. 鸡爪洗净去指甲，放入锅中注水煮 30 分钟捞出。
2. 大蒜剥皮打成泥，倒入碗中，加入韩式辣酱、番茄酱、酱油、盐、香油调成酱汁。
3. 将煮熟的鸡爪放入酱汁中，裹上一层酱汁腌渍 15 分钟。
4. 锅中注油，放入鸡爪、酱汁炸熟，收汁后撒上熟芝麻，盛出即可享用。

CHAPTER 07

有故事的火锅：芝士部队火锅

有故事的韩国火锅，

物资紧缺年代的韩民最爱。

在今天依旧有广泛的支持者，

值得我们慢慢品味。

扫我看视频

锅中铺上的食材，造就了火锅所特有的多种风味。

多种韩国调料和芝士片所融合出的味道，则是这道芝士部队火锅的特色所在。

芝士部队火锅

材料 ◎

蟹棒 4 条，方便面 1 包，午餐肉 300 克，鱼丸 150 克，金针菇 100 克，鱼饼、芝士各 2 片，洋葱少许

调料 ◎

韩式辣酱、韩式大酱、辣酱粉各 5 克，牛骨汤 1000 毫升

做法 ◎

1. 洋葱切丝，鱼饼切块，午餐肉切片，金针菇去掉根部。
2. 取碗放入韩式辣酱、韩式大酱、辣椒粉搅拌均匀。
3. 锅底铺上洋葱丝，依次放入鱼饼、金针菇、鱼丸、蟹棒、午餐肉片。
4. 倒入牛骨汤，放入调好的酱料，跟汤底充分混合，加热煮沸。
5. 水开后放入方便面和芝士片，煮开后即可食用。

CHAPTER 08

缘分之面：韩式炸酱面

追韩剧的神品！

越是寻常，越易见真情。

韩式炸酱面，见证过多少韩剧的恋情。

爱她（他）怎能不陪她（他）吃一碗！

扫我看视频

加热后的春酱，味道更加浓郁，口感也更加绵柔。

漂亮又有弹性的手擀面，加水煮熟后，散发出麦子特有的清香，令人心旷神怡。

韩式炸酱面

材料 ◎

手擀面 400 克，洋葱、土豆、五花肉各 100 克，胡萝卜 50 克

调料 ◎

春酱 200 克，油适量

做法 ◎

1. 将五花肉、土豆、胡萝卜、洋葱洗净，均切成丁。

2. 锅中注油，倒入洋葱丁、土豆丁、胡萝卜丁炒香后盛出装碗。

3. 锅中注油，放入五花肉炒香，倒入春酱和蔬菜丁，加水煮至蔬菜和肉熟烂盛出。

4. 锅内注水煮沸，放入手擀面煮熟，盛出装碗，放入炸好的酱即可。

CHAPTER 09

迷恋的味道：干白菜炖鲭鱼

迷恋你的香气，迷恋你的味道。

迷恋你如花朵一般的微笑，

和干白菜与鲭鱼搭配结合出的美妙。

干白菜炖鲭鱼

◎ 材料

鲭鱼 1 条，干白菜 50 克，生姜 20 克，洋葱 100 克

◎ 调料

韩式辣酱 20 克，清酒 20 毫升，番茄酱 5 克，淘米水 1 碗，盐、白胡椒、油各适量

◎ 做法

1. 洋葱切块，生姜切片备用。干白菜加清水浸泡 30 分钟。

2. 鲭鱼洗净，去头切块，加入一半姜片和两勺清酒腌渍 10 分钟。

3. 锅中注油，加入剩余姜片和洋葱炒香，加淘米水，水开后加入腌好的鱼块。

4. 依次加入韩式辣酱、番茄酱、剩余的清酒、盐、白胡椒、干白菜炖煮 20 分钟即可享用。

CHAPTER 10

深情海鲜面：青海大王

你的想象有多奢华，

一碗面就能有多美味。

两个人的海鲜面，沉醉一个美妙的夜晚。

扫我看视频

青海大王

◎ 材料

海蟹 1 只，海虾 6 只，豆芽 100 克，洋葱 50 克，鸡蛋面 100 克

◎ 调料

韩式辣酱 2 大勺，米酒 10 毫升，淘米水 80 毫升，盐、糖各 5 克，油、酱油、香油各适量

◎ 做法

1. 海虾去虾线开背备用，海蟹去腮斩块，洋葱切块。
2. 豆芽去根入锅烫熟，鸡蛋面煮至八分熟捞出。
3. 碗中放入韩式辣酱、酱油、米酒、盐、糖、香油、淘米水调匀成料汁备用。
4. 锅中注油，加热后，倒入洋葱炒香，依次放入海蟹、海虾和调好的料汁煮 5 分钟。
5. 倒入烫熟的豆芽和鸡蛋面条炒匀即可出锅。

CHAPTER 11

刷屏美食：韩国芝士排骨

网上被刷屏的韩剧美食！

韩国辣酱配上排骨就很解馋，

加上苹果、马苏里拉奶酪和蜂蜜，

香脆美味，甜辣宜人，可想而知。

扫我看视频

韩国芝士排骨

◎ 材料

排骨 1000 克，马苏里拉奶酪 250 克，洋葱、苹果各 100 克，大蒜 6 瓣

◎ 调料

韩式辣酱 100 克，生抽 30 毫升，醋、芝麻油、蜂蜜、黑胡椒、韩式辣椒粉、油各适量

◎ 做法

1. 将洋葱洗净切块，苹果洗净去核再切块。
2. 将除排骨和芝士外的食材全部放入料理机打成糊，制成酱料。
3. 将排骨混入酱料后腌渍 4 小时以上。
4. 锅中注油，放入腌渍好的排骨，煎至双面变色，加一碗水，放入剩下的酱料炖到排骨成熟。
5. 取一个烤盘铺上锡纸，把煮熟的排骨放入一边，另一边倒入马苏里拉奶酪。
6. 将烤盘在火上加热至芝士熔化，将排骨裹上芝士就可以开吃了。

第三章

量身定做的星座美食

西方占星学上黄道的 12 个星座，
代表 12 个宇宙方位。
人出生时，星体落入黄道上的位置，
赋予人先天性格及天赋。
每一个星座都有流传世间的美丽故事与动人传说。
白羊、金牛、双子座，巨蟹、狮子、处女座；
天平、天蝎、射手座，摩羯、水瓶、双鱼座。
你是哪个星座的，不如试一下自己星座的美食吧！

CHAPTER 01

激情白羊座：地狱猪手煲

熬夜，来点振奋的吧！

翻滚的辣汤、软滑的肉筋、

鲜甜的玉米，这究竟是天堂还是地狱呀！

扫我看视频

地狱猪手煲

◎ 材料

猪手 1 只，香菇 100 克，玉米 2 根，青蒜、朝天椒、姜、葱各少许

◎ 调料

豆瓣酱、甜面酱、辣椒粉各 10 克，小茴香 5 克，油、料酒各少许

◎ 做法

1. 将香菇用小刀在顶端划上花刀，其他所有食材切成小块。
2. 锅中注水，放入猪手用大火煮沸。
3. 向锅中加入葱、姜、料酒焖煮至猪手软烂。
4. 倒入油、豆瓣酱炒出红油，加入甜面酱、辣椒粉、小茴香。
5. 加入玉米、香菇和朝天椒煮 20 分钟，再撒上青蒜即可。

CHAPTER 02

持家金牛座：电锅比萨

爱吃比萨，外面吃嫌贵？

自己在家做没有烤箱？

用电锅一样可以做出来！

扫我看视频

电锅比萨

◎ 材料

高筋面粉 100 克，马苏里拉奶酪 50 克，口蘑 2 朵，香肠半根，青椒半个，玉米粒少许

◎ 调料

黄油 15 克，比萨酱 10 克，酵母 2 克，盐 1 克，油适量

◎ 做法

1. 将高筋面粉、酵母、盐和水揉成面团，加入一半黄油揉至光亮绵软。
2. 将面团放入蒸盘上，锅中加入 1 杯 50℃的温水，盖上锅盖，按下保温键。
3. 保温 50 分钟，面团发酵至原来两倍大，取出面团，擀成适合锅底大小。
4. 电锅中放入剩余黄油，熔化后放入面饼，盖上锅盖，按下煮饭键，按钮弹起后，闷 5 分钟，翻面，按下电源按钮继续焖 2 分钟盛出。
5. 香肠、口蘑、青椒切片。锅中注油将口蘑和香肠煎香，玉米粒炒熟。
6. 饼底涂上比萨酱，撒玉米粒、口蘑、青椒、马苏里拉奶酪，摆上香肠。
7. 放入锅中烤制，待电源按钮弹起后继续闷 5 分钟即可享用。

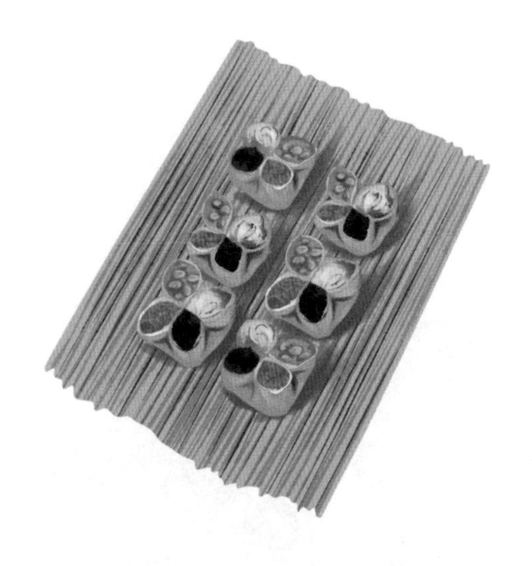

CHAPTER 03

多变双子座：花心蒸饺

花心只因没遇到对的人。

如此高颜值又有内涵的美味，

再花心的食客也会瞬间为它而钟情。

扫我看视频

花心蒸饺

◎ 材料

牛肉馅 200 克，豆角 5 根，胡萝卜半根，木耳 23 朵，鸡蛋 1 个，面粉 160 克，葱、姜各少许

◎ 调料

胡椒粉、盐各 5 克，香油 10 毫升，酱油 10 毫升

◎ 做法

1. 将鸡蛋打散，放入锅中炒熟，盛出后切成碎末。所有食材切成碎末。
2. 牛肉馅中加葱姜末、盐、胡椒粉、酱油、香油调味。
3. 面粉加开水和成面团，饧面后擀成圆形面皮。
4. 面皮中心放上牛肉馅，对折捏紧，捏成四角花形。
5. 四个角中分别填入木耳、豆角、胡萝卜、鸡蛋。
6. 锅中倒水，放入蒸盘，摆上蒸饺蒸 15 分钟，即可食用。

CHAPTER 04

贤惠巨蟹座：好妈咪蝴蝶面

爱家的人，家是他幸福的源头。

四种蔬菜搭配出美丽的色彩，

一定会让你的宝贝食欲大开！

扫我看视频

好妈咪蝴蝶面

◎ 材料

紫薯 1 根，西红柿 1 个，菠菜 3 根，南瓜半个，面粉适量

◎ 调料

无

◎ 做法

1. 紫薯、南瓜去皮切片，放入蒸笼中蒸 10 分钟，分别碾压成泥。
2. 西红柿去皮切碎，用料理机打成汁。
3. 菠菜入开水中焯烫片刻，捞出放入料理机加少许水打成菠菜汁。
4. 在蔬菜汁和蔬菜泥中分别加入适量面粉，揉成四色面团，擀成厚片依次叠加在一起。
5. 用切面刀切出一条面团，擀平后用蝴蝶刀切成小块。
6. 用三角板在面片上压上花纹，用筷子在中间夹出蝴蝶结的形状。把蝴蝶面煮熟就可以吃了。

CHAPTER 05

热情狮子座：高 Bigger 牛排卷

当奶酪遇到大蒜，

当牛排与红酒结合，

爱西餐的外貌协会们又怎能错过！

扫我看视频

高 Bigger 牛排卷

◎ 材料

牛排 1 块，樱桃番茄 10 颗，菠菜 3 根，大蒜 6 瓣

◎ 调料

香草奶酪适量，黑胡椒、橄榄油、盐各少许，红酒少许

◎ 做法

1. 将牛排用松肉锤打松。
2. 撒上盐、黑胡椒腌渍 15 分钟。
3. 将樱桃番茄、菠菜和大蒜均切成碎末，加入橄榄油搅拌均匀。
4. 牛排抹上香草奶酪，铺上蔬菜卷起，用绳子扎紧。
5. 锅中倒入橄榄油，放入牛排卷四面煎透。
6. 倒入红酒，加盖焖 3 分钟即可切开享用。

CHAPTER 06

完美处女座：玉子蒸肉丸

对美食有着完美的追求，

不妨来试试这一道菜吧，

鲜美的口感不会让你失望。

扫我看视频

玉子蒸肉丸

◎ 材料

牛肉馅 200 克，玉子豆腐 3 个，黄瓜半根，姜末少许，枸杞适量

◎ 调料

生粉 5 克，盐 5 克，胡椒粉 5 克，香油 5 毫升，酱油 5 毫升，水淀粉适量

◎ 做法

1. 黄瓜切片，垫入盘底。
2. 玉子豆腐切厚块，放在黄瓜片上。
3. 牛肉馅中放入胡椒粉、盐、姜末、香油和生粉调味，做成肉丸。
4. 将肉丸放在玉子豆腐上，再放上一粒枸杞。
5. 连盘放入蒸笼，加水蒸 10 分钟。
6. 酱油和水淀粉熬成芡汁，淋在肉丸上即可享用。

CHAPTER 07

纠结天秤座：超级爆米花

金黄的玉米爆开，

飘散出幸福的味道，

闻到便会令人忍不住迷恋，

喜欢奶油味 or 巧克力味，自己做不纠结。

扫我看视频

金黄的玉米爆开，飘散出幸福的味道。

焦糖和奶油混着金黄色的爆米花，散发出一种慵懒的香味，令人忍不住迷恋。

超级爆米花

材料 ◎

玉米粒 60 克，巧克力 50 克

调料 ◎

黄油 25 克，白砂糖 60 克，彩虹糖少许

做法 ◎

1. 电锅提前预热，放入 10 克黄油，熔化后放入玉米粒，拌匀，盖上锅盖。
2. 在玉米粒爆开时，晃锅使其受热均匀，爆声消失，揭开锅倒在盘上晾凉。
3. 巧克力装碗，加 5 克黄油，放入电锅中隔水熔化，倒入爆米花中拌匀。
4. 撒上彩虹糖，彩虹巧克力爆米花即完成。
5. 外锅中加水、白砂糖熬成焦糖，再放入 10 克黄油，迅速搅拌均匀。
6. 倒入爆米花迅速搅拌均匀，焦糖奶油口味爆米花即完成。

CHAPTER 08

神秘天蝎座：腹黑熔岩蛋糕

喜欢神秘的感觉，

一定要试试这款蛋糕，

绵密的口感，难以描述，

喜欢甜品的人千万不能错过哦！

扫我看视频

刷黄油的杯中倒满白砂糖，再旋转着倒出，杯的内壁便会沾满白砂糖。

蒸出来的蛋糕富有弹性，无杂质，不仅甜松绵软，潮润可口，具有蛋香风味，而且不上火。

腹黑熔岩蛋糕

材料 ◎

低筋面粉 40 克，鸡蛋 2 个，巧克力 70 克

调料 ◎

黄油 50 克，白砂糖 30 克，朗姆酒 5 毫升，糖粉少许

做法 ◎

1. 将巧克力和黄油分别装碗，放入加水的电锅中，加热至熔化。

2. 取碗，打入鸡蛋，加 15 克白砂糖打发至微微膨胀。

3. 倒入朗姆酒和巧克力液，筛入低筋面粉，充分混合。

4. 模具内刷一层黄油，倒入 15 克白砂糖沾满内壁，倒入混合好的蛋糕糊，八分满即可。

5. 锅中倒入一杯水，放入蒸盘，上蒸汽后放入模具，蒸 11 分钟即可出锅。

6. 脱模后撒上糖粉即可享用。

CHAPTER 09

幽默射手座：阳光蛋包饭

蛋包饭加上创意造型，

瞬间变得阳光可爱有木有！

保证让家里的大人孩子都食欲大开哦。

扫我看视频

阳光蛋包饭

◎ 材料

大米 1 杯，大一点的胡萝卜 1 根，青椒 1 个，鸡蛋 2 个，香肠半根，青豆、洋葱各少许

◎ 调料

油、盐、酱油各适量

◎ 做法

1. 锅中倒入大米和 2 杯半的水，蒸 25 分钟。

2. 将胡萝卜、洋葱、青椒和香肠切丁。锅中倒油，倒入洋葱、香肠、胡萝卜、米饭、盐、酱油、青椒，炒熟。

3. 将炒熟的食材盛出装碗，再倒扣在盘子上。将鸡蛋打入碗中，搅散。

4. 锅中注少许油，洒上一层薄薄的蛋液，凝固成蛋饼后迅速盛出，晾凉。

5. 将一部分蛋饼切成细长条，交叉成网格状铺在炒饭上，边缘塞进饭中。

6. 剩下的蛋饼切成花瓣状摆在炒饭的周围，将青豆煮熟，放在网格中心即可。

CHAPTER 10

理想摩羯座：超能大白便当

有理想，当然萌萌哒！

做便当，当然要好吃还有爱。

有理想的摩羯座，

让大白陪你一起将便当柔化心间吧。

扫我看视频

饭团上，用巧克力点上 2 个点，便成了大白的眼睛。

蛋液、火腿和洋葱丁加热凝固，不仅色泽鲜艳，而且散发出一种诱人的香味。

超能大白便当

材料 ◎

培根2片，秋葵2个，大米1杯，鸡蛋2个，火腿少许，洋葱少许，巧克力少许

调料 ◎

油、盐各适量

做法 ◎

1. 锅中倒入大米和2杯半的水，蒸25分钟盛出。
2. 用保鲜膜包住米饭，做出大白的形状，用巧克力画上大白的眼睛。
3. 将火腿、洋葱切成丁。碗中打入鸡蛋，加入盐、火腿丁、洋葱丁，拌匀。
4. 锅中注油，倒入蛋液，待其完全凝固时卷成蛋卷，盛出切块。
5. 秋葵去梗，放在培根上，卷起，用牙签固定，放入锅中煎熟。
6. 按自己的喜好装饰放入便当盒中即可。

CHAPTER 11

求知水瓶座：牛油果意面

最简单的做法，

最意想不到的味道！

用牛油果做的意大利面，

吃过的人，从此都会记住它。

扫我看视频

橄榄油味道纯正、芳香，炒出的菜味道鲜美，不油腻。

锅中原有的食材，吸收芝士片和牛奶煮成的汤汁，奶香浓郁，口感细腻柔和。

牛油果意面

材料 ◎

牛油果1个，小番茄100克，牛奶120毫升，芝士片2片，5号意大利面100克，香肠半根

调料 ◎

橄榄油适量，油、黑胡椒、盐各少许

做法 ◎

1. 牛油果去皮除核、切片，小番茄对半切开，香肠切片。
2. 锅中注水，放入意大利面、少许油煮8分钟，煮好后捞出。
3. 锅中倒入橄榄油、牛油果、香肠、小番茄炒熟。
4. 倒入牛奶、芝士片、意面、黑胡椒、盐。
5. 炒至收汁，盛出装盘即可享用。

CHAPTER 12

浪漫双鱼座：来自星星的炸鸡

下雪天最浪漫的食物，

就是边吃来自星星的炸鸡，边喝啤酒，

炸鸡我教你做，啤酒准备好了吗？

扫我看视频

来自星星的炸鸡

◎ 材料

鸡块 400 克，鸡蛋 1 个，生粉 40 克，大蒜 8 瓣

◎ 调料

酱油 10 毫升，蚝油 5 克，盐 5 克，糖 7 克，黑胡椒末 3 克，油适量

◎ 做法

1. 将酱油、蚝油、盐、糖、大蒜放在碗中用料理棒磨碎，制成调料酱。
2. 将自制的酱料跟鸡块混合，加入黑胡椒末，拌匀后腌渍 40 分钟以上。
3. 鸡蛋打散，将蛋液倒入腌好的鸡块中，放入生粉搅拌均匀。
4. 锅中倒油加热到七成热，放入鸡块，炸至金黄后捞出。
5. 油温升高后，放入鸡块再炸一遍，盛出即可食用。

第四章

让人垂涎的特色小吃

世间有万千诱惑，最难以让人拒绝的是哪一种？
有人喜欢漂亮的衣服，
有人喜欢大大的房屋，有人喜欢好喝的酒。
有人喜欢亮丽的颜色，
有人喜欢显赫的名声，有人喜欢平淡的生活。
有的诱惑很容易令人拒绝，
而有的诱惑，却实在让人很难拒绝。
在诸多诱惑中，最难以令人拒绝的可能就是美味了。
特别是各地的特色小吃，
闻着香味便令人忍不住垂涎。

CHAPTER 01

绝妙的成都美味：老妈蹄花

成都著名的小吃。

一菜两吃的绝妙风味。

带你领略汤汁浓郁与入口即化的精髓。

扫我看视频

老妈蹄花

◎ 材料

猪蹄 2 个，芸豆 200 克，姜片、葱段各 20 克

◎ 调料

红油辣椒、盐各 10 克，花椒 5 克，八角 2 个，白酒 20 毫升，酱油、醋各 10 毫升，香叶 3 片，葱花少许

◎ 做法

1. 芸豆中加入适量的温水浸泡 3~5 小时。
2. 锅中注水放入猪蹄、花椒、八角、香叶煮沸去腥。
3. 将猪蹄捞出，用热水洗去血沫。
4. 锅内注水，放入猪蹄、姜片、葱段、盐、白酒煮熟。
5. 碗中倒入酱油、醋、红油辣椒、葱花调配成汁。猪蹄蘸汁即可食用。

CHAPTER 02

酥甜的核桃：琥珀核桃

美味的琥珀色核桃，

诱人的舌尖味道。

当蜂蜜、冰糖与芝麻遇上核桃，

香脆酥甜，好吃怎么停得下来。

扫我看视频

炸好的琥珀核桃，不仅色泽诱人，还有一种甜蜜的香味。

趁热撒上熟芝麻，黏稠的糖浆会让熟芝麻和核桃仁粘在一起，融合熟芝麻的香味，形成一种全新的口感。

琥珀核桃

材料 ◎

核桃仁 400 克

调料 ◎

冰糖 150 克，蜂蜜 50 克，油、熟芝麻各适量

做法 ◎

1. 核桃仁放清水中煮熟后捞出。

2. 不粘锅中加入清水、冰糖、蜂蜜，用小火熬出黏稠的小泡。

3. 放入核桃仁拌匀，让核桃仁均匀裹上一层糖汁，收干一点盛出。

4. 锅中倒油，烧至六成热，放入核桃仁，用小火炸成琥珀色，捞出沥干。

5. 撒上熟芝麻，待其凉后即可食用。

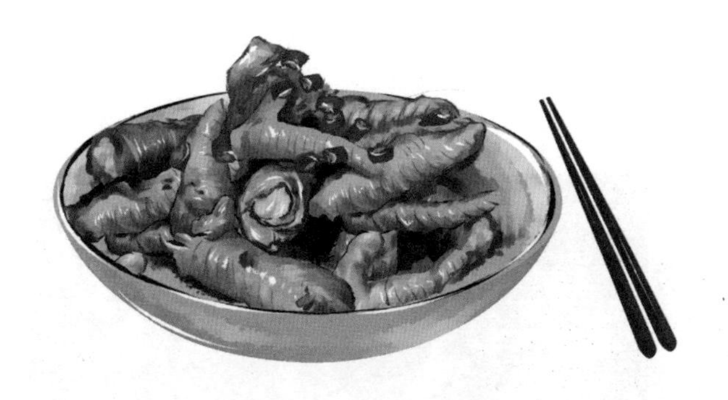

CHAPTER 03

酸辣香甜：酸辣鸡爪

又酸又辣，筋道十足。

酸辣鸡爪，不仅可以用来佐酒，

还可以用来做看剧的零食。

扫我看视频

料汁的加入，让原本平淡的鸡爪有了动人食欲的色彩。

让料汁的美妙滋味完全融入鸡爪中，需要经过时间的洗礼，完成这道酸辣鸡爪，至少需要冷藏 4 小时。

酸辣鸡爪

材料 ◎

鸡爪 500 克，姜片 20 克，小米椒 6 个，香菜 20 克，大蒜 1 头

调料 ◎

醋 50 毫升，料酒 20 毫升，芝麻油 10 毫升，糖 15 克，盐 8 克

做法 ◎

1. 鸡爪剪去指甲，切成两半。
2. 锅中注水，倒入鸡爪、姜片、料酒大火煮沸，转小火煮 8~12 分钟。
3. 捞出煮好的鸡爪，放入冰水中浸泡。
4. 将小米椒、香菜、大蒜切末装碗，加入醋、盐、糖、芝麻油混合，调成料汁。
5. 捞出浸凉好的鸡爪沥干水，加入调好的料汁拌匀，装入器皿中密封。
6. 放入冰箱冷藏 4 小时以上，盛出装盘即可食用。

CHAPTER 04

相思素粽：红枣豆沙粽

香甜可口的红枣，

加上寓意相思的红豆，

每一口都是甜蜜相思的味道。

扫我看视频

红枣豆沙粽

◎ 材料

糯米 1500 克，红豆 500 克，红枣 200 克，粽叶适量，棉线适量

◎ 调料

红糖 200 克

◎ 做法

1. 红豆加入 1 升的水煮烂，加入红糖搅拌溶化，关火闷制。
2. 糯米加清水浸泡 12~18 小时，中间换一次水。
3. 粽叶卷成圆锥形，加少许糯米垫底，加入 2~3 颗红枣；再加糯米压实，放入 10 克红豆沙，加糯米压实，加 3 颗红枣，继续加足量的糯米封顶压实。
4. 用粽叶包严顶部的糯米，用棉线绑紧。
5. 锅中注水，没过粽子，盖上盖煮 3 小时，闷至冷却；再用高压锅小火压 1 小时，盖盖闷到冷却，这样闷出的粽子更香更糯！

CHAPTER 05

绵软的肉粽：鲜肉粽

初闻糯米香，

细嚼鲜肉味。

鲜肉粽不止是一种端午的纪念，

也蕴藏着一个人对一座城市的记忆。

扫我看视频

泡发的糯米加入老抽和盐，不仅能增色提鲜，而且能去除肉的腥味。

折粽叶前，最好在糯米上方留出多余的粽叶，把两边折进去，再包上粽叶用绳子绑紧，这样不会漏。

鲜肉粽

材料 ◎

糯米 1500 克，梅花肉 500 克，五花肉 300 克，新鲜粽叶适量，棉线适量

调料 ◎

酱油 20 毫升，盐 25 克，糖 10 克，料酒 15 毫升，白胡椒粉 5 克，老抽 5 毫升

做法 ◎

1. 梅花肉、五花肉洗净切片。糯米洗净，放入锅中注水浸泡 12 小时。
2. 将切好的肉片装碗，加入 20 克盐、糖、料酒、酱油、白胡椒粉拌匀，腌渍 4 小时。
3. 糯米中倒入老抽和 5 克盐拌匀。粽叶洗干净，卷成圆锥形，放一勺糯米。
4. 加一片梅花肉，放一勺糯米，再加一片五花肉，放上糯米压实。
5. 将粽叶折下包紧，用棉线绑紧。放入锅中，注水没过粽子，煮熟。
6. 煮熟后选择保温功能焖一夜，拿出即可食用。

CHAPTER 06

丰收滋味：东北丰收炖

五色交融的美食，

东北小吃中的“颜值担当”，

不仅色香味俱全，而且营养丰富，

制作起来更是超级简单，一学就会哦!

扫我看视频

排骨的腥味主要在血水里，去除血水后，基本上没有什么腥味了。

土豆、南瓜、豆角、玉米这几种不同的食材与排骨炖在一起，造就了东北丰收炖醇厚的风味。

东北丰收炖

材料◎

排骨 500 克，玉米 1 根，土豆 1 个，豆角 200 克，南瓜 200 克，葱、姜各少许

调料◎

油少许，酱油 20 毫升，料酒 20 毫升，盐 10 克，冰糖 50 克

做法◎

1. 排骨切块放入锅中加冷水，煮沸去除血水。
2. 电锅内注油，倒入冰糖炒至焦糖色，加入葱姜、排骨炒香。
3. 倒入料酒、酱油、盐、水煮开，焖煮排骨到按钮弹起。
4. 倒入切成小块的土豆、南瓜、豆角、玉米，加 1 杯水。
5. 煮至按钮弹起，盛出即可享用。

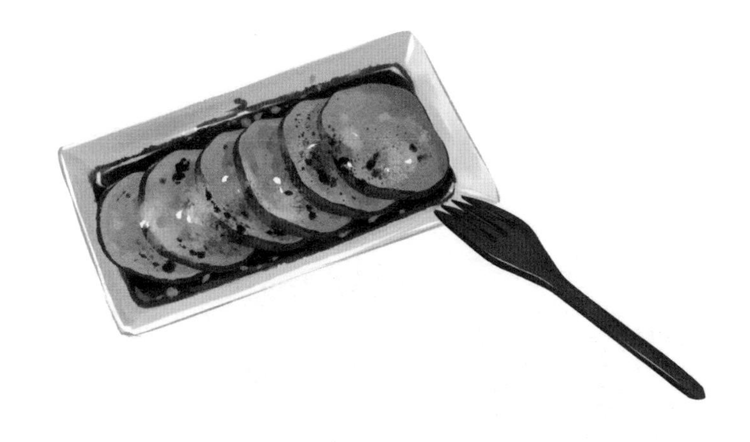

CHAPTER 07

江南名点：桂花糯米藕

江南最有人情味的街头小食之一，

它不仅香甜清脆可口，而且桂花香气浓郁，

吃起来藕断丝连的感觉，更是让人爱不释手。

扫我看视频

桂花糯米藕

◎ 材料

莲藕 500 克，糯米 50 克，干桂花 5 克

◎ 调料

红糖 50 克，冰糖 30 克

◎ 做法

1. 糯米洗净，用清水浸泡 2 小时。

2. 莲藕去皮后，切去一头，塞入泡好的糯米，用筷子压实。

3. 将切下的莲藕盖上用牙签固定；将莲藕放入锅里加水，没过莲藕。

4. 加入红糖、冰糖、桂花，大火煮开，转小火炖3小时，中间不时翻面让其上色均匀。

5. 糖水在锅里继续加热，收至浓稠变成糖浆状，米藕切片，淋上糖浆、撒上干桂花即可。

CHAPTER 08

Q 弹爽口：五香鹌鹑蛋

方便携带的小吃。

筋道美味，Q 弹爽口。

剥开壳，轻轻咬上一口，

更觉由内而外，卤香四溢。

扫我看视频

鹌鹑蛋可以用手指捏住，用牙刷刷干净。

料汁是五香鹌鹑蛋的味觉所在，所以在浸泡之前需要敲碎壳，让料汁渗透入味。

五香鹌鹑蛋

材料 ◎

鹌鹑蛋 500 克，干辣椒 6 个

调料 ◎

香叶 6 片，八角 3 个，花椒 2 克，酱油 20 毫升，糖 15 克，盐 10 克

做法 ◎

1. 将鹌鹑蛋洗净。
2. 锅中注水放入所有的调料，煮沸后再煮 5 分钟，制成汁。
3. 放入鹌鹑蛋煮 10 分钟，盛出装碗。
4. 用勺子敲碎煮熟的鹌鹑蛋壳，再放入料汁里浸泡 4 小时。
5. 取出鹌鹑蛋，剥开蛋壳即可食用。

CHAPTER 09

牙签上的美味：蒙古牙签肉

内蒙古经典的小吃，

来自大草原的羊腿肉，

加上牙签与各种调料，

美味飘香，让人难以忘记。

扫我看视频

经过高温油炸，腌渍过的羊腿肉发生美妙的化学变化。

留在羊肉中的调料在油炸的过程中渗入羊肉的纹理，与芝麻融合，散发出诱人的香味。

蒙古牙签肉

材料 ◎

羊腿肉 500 克，洋葱 150 克，姜 20 克，牙签适量

调料 ◎

酱油、料酒各 10 毫升，胡椒粉 3 克，盐、糖、辣椒粉、孜然粉各 5 克，熟芝麻 10 克，油适量

做法 ◎

1. 羊腿肉切块，洋葱切块，姜切片。
2. 羊腿肉中加入料酒、糖、盐、胡椒粉、酱油、洋葱、姜片拌匀，腌 1 小时以上。
3. 牙签加入温水，浸泡 30 分钟，穿上羊腿肉。
4. 取一个碗，放入辣椒粉和孜然粉，拌匀成料粉。
5. 锅中注油，烧至七成热时放入羊腿肉串炸至七成熟捞出。
6. 锅中注油，放入料粉、牙签肉炒香，撒上熟芝麻，炒匀盛出即可。

CHAPTER 10

日式比萨：大阪烧

日式料理中的经典美食，

此生不可不尝的扶桑美味，

只要吃过的人都忘不掉。

扫我看视频

大阪烧

◎ 材料

卷心菜 100 克，面粉 60 克，鲜虾 6 只，培根 2 片，鸡蛋 2 个，胡萝卜半根，葱末少许

◎ 调料

盐 5 克，木鱼花、海苔丝、照烧酱、蛋黄酱、油各适量

◎ 做法

1. 卷心菜切丝，胡萝卜削成丝，虾去虾线去头剥壳切成块，培根切片。
2. 鸡蛋打散，筛入面粉，搅匀，切勿过度搅拌至面粉出筋，否则会影响口感。
3. 将虾肉、胡萝卜丝和卷心菜丝拌入面糊中，加盐调味。
4. 锅中注油，倒入面糊，铺平后摆上培根，两面煎熟盛出。
5. 淋上照烧酱、蛋黄酱，撒上木鱼花、海苔丝和葱末即可。

CHAPTER 11

诱人美味：照烧鸡腿饭

感受日式调料的奇妙，

轻松做出美味可口的鸡腿饭，

作为一个无肉不欢的吃货，

怎能不尝试一下呢？

扫我看视频

蔬菜用水焯过后，颜色更为鲜嫩，不再有生涩味。

去除骨头的鸡腿，在锅中煎制，散发出诱人的香味和“吱吱”的声响，令人垂涎。

照烧鸡腿饭

材料 ◎

鸡腿 1 个，西蓝花半个，芦笋 3 根，胡萝卜 1 根

调料 ◎

日式酱油 15 毫升，蜂蜜 10 克，蚝油 5 克，日式清酒、米酒各 10 毫升，芝麻适量，红糖、盐、油各适量

做法 ◎

1. 鸡腿去骨，用牙签扎些小孔，容易腌渍入味。
2. 西蓝花切块，芦笋切段，胡萝卜切片用模具切出喜欢的形状。
3. 锅中放水、油和盐把蔬菜焯烫熟捞出。
4. 将所有调料调成料汁，倒入鸡腿中按摩均匀，腌渍 2 小时以上。
5. 锅中注油，将鸡腿鸡皮朝下放入锅中煎至两边变色，倒入料汁，变稠后关火。
6. 鸡腿肉切块，铺在饭碗上，摆上蔬菜，浇上汤汁，撒上芝麻即可享用。

CHAPTER 12

鲜美蒸饭：荷香蒸蟹饭

鲜美的螃蟹，

加上清香的荷叶，

蒸出来的绝妙美味，

值得每个热爱生活的人品味。

扫我看视频

蒸熟的米饭、洗净的螃蟹与荷叶，是构成这道荷香蒸蟹饭的三大元素。

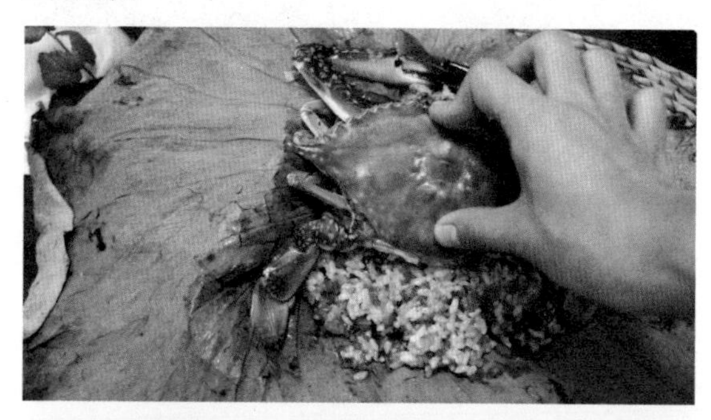

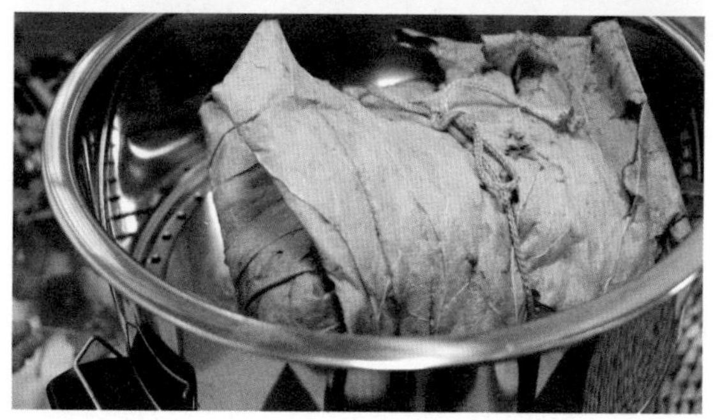

经过高温蒸煮，荷叶、米饭、螃蟹三者的香味交汇融合在一起，变成一种新的美味。

荷香蒸蟹饭

材料 ◎

螃蟹1个，糯米70克，荷叶1张，香菇8朵，胡萝卜60克，香葱10克，姜适量，棉线适量

调料 ◎

酱油10毫升，盐5克，糖5克，油适量

做法 ◎

1. 荷叶加清水浸泡至软，糯米蒸成糯米饭。
2. 螃蟹清洗干净，掀开蟹壳，去腮，将蟹身部分砍成块。
3. 香葱、姜切末，胡萝卜切末，香菇泡发后切末。
4. 锅中注油，放入香葱、姜、胡萝卜和香菇末炒香，加入酱油、盐和糖调味后盛出。
5. 将炒好的各种末拌入蒸好的糯米饭中，倒在荷叶上，用螃蟹盖在饭上。
6. 将荷叶包紧用棉线绑住，放入蒸锅中蒸8~10分钟即可。

CHAPTER 13

东北特色小吃：烤冷面

风靡全国的东北小吃，

香辣酸甜，妙不可言，

自己做出来倍儿有成就感。

扫我看视频

烤冷面

◎ 材料

冷面2张，洋葱100克，香菜20克，烤肠2根，鸡蛋2个

◎ 调料

蒜蓉辣酱25克，番茄酱15克，白糖5克，醋5毫升，油适量

◎ 做法

1. 将香菜、洋葱洗净切碎。
2. 蒜蓉辣酱、番茄酱和白糖放入碗中制成酱料。
3. 锅中注油，放入烤肠煎熟后盛出。
4. 锅中放入冷面，打入鸡蛋，蛋液凝结后翻面刷上酱料、醋。
5. 冷面上放入烤肠，撒上部分洋葱、香菜碎，对折包好。
6. 将冷面翻面刷上酱料盛出，切成小块，撒上剩余的香菜和洋葱碎即可。

CHAPTER 14

粤式蒸饭：腊味煲仔饭

粤式小吃的代表之作，

不仅简单便捷，而且美味香甜，

腊味十足，食用之后暖乎乎的，神清气爽。

扫我看视频

腊味煲仔饭

◎ 材料

广式腊肠 1 根，川味腊肠 1 根，大米 100 克，香葱、姜各适量，鸡蛋 1 个，油菜 3 棵

◎ 调料

糖 10 克，盐 3 克，酱油 10 毫升，蚝油 5 克，香油 5 毫升，油少许

◎ 做法

1. 大米洗净，加水浸泡 30 分钟以上。
2. 腊肠切片，姜切丝，香葱切末，油菜烫熟捞出。
3. 砂锅底刷油，放入泡好的米，加水没过米，盖上锅盖，大火煮沸转小火焖 10 分钟。
4. 揭开盖，沿锅边倒少许油，摆上腊肠，撒上姜丝，盖上盖子小火焖 5 分钟。
5. 开盖，夹出姜丝，用勺在米饭中央压出小凹陷，打入鸡蛋，继续焖 5 分钟。
6. 取个小碗，加入蚝油、酱油、糖、盐和水调成料汁。
7. 锅中摆上油菜，淋上料汁，撒上香葱末和香油即可食用。

第五章

难以抗拒的休闲零食

难以抗拒的容颜，难以抗拒的美味。
难以抗拒的休闲零食，
难以抗拒的轻松时刻。
正如在炎热的夏天，
你难以抗拒一杯清新的西瓜沙冰。
在寒冷的冬日，
你也难以抗拒一杯热气腾腾的姜枣膏饮。
静下心来，
感受生活的温度，品味食物的美好。
你便会发现，
生活原来如此美妙，幸福比你所想的要更简单。

CHAPTER 01

蓝色饮品：清新蓝冰洋

摇曳的玻璃杯中，

如大海一般清新的蓝色饮品，

看着都觉得心情舒畅，美味诱人。

扫我看视频

清新蓝冰洋

◎ 材料

预调鸡尾酒 150 毫升（蓝色），雪碧 1 罐

◎ 调料

吉利丁片 12 克

◎ 做法

1. 吉利丁片用冷水泡软捞出。
2. 将预调鸡尾酒倒入锅中加热 1 分钟。
3. 将泡软的吉利丁片放入微热的鸡尾酒中充分混合。
4. 将混合后的鸡尾酒倒入冰格中，放入冰箱冷冻层冷冻 2~3 小时。
5. 杯子中加鸡尾酒果冻后，加上冰镇后的雪碧即可饮用。

CHAPTER 02

高能量美味：酸奶能量杯

酸奶、麦片、猕猴桃，

加上西瓜、芒果和饼干棒，

高能量美味，看着就让人忍不住想吃。

扫我看视频

有多少种食材，就有多少种口感。

麦片、芒果、猕猴桃、西瓜球与低脂酸奶的搭配，组成了酸奶能量杯颜值爆表的美味！

酸奶能量杯

材料 ◎

麦片 50 克，芒果 1 个，猕猴桃 1 个，饼干棒 2 根，西瓜适量

调料 ◎

低脂酸奶 200 毫升

做法 ◎

1. 猕猴桃切片，芒果切粒，西瓜挖球。
2. 把猕猴桃片贴在杯壁上，装饰杯壁。
3. 依次加入酸奶、芒果、西瓜、麦片。
4. 插入饼干棒即可食用。

CHAPTER 03

红唇绝恋：西瓜沙冰

西瓜与冰淇淋的邂逅，

令人惊艳的唇齿间冷品，

你若见了它，也忍不住会喜欢。

扫我看视频

鲜红刨冰放在碗底，水果放在上面，让清凉从下而上。

最后放上去的香草冰淇淋球是西瓜沙冰的点睛之笔，也是西瓜沙冰的美妙所在。

西瓜沙冰

材料 ◎

西瓜 1 个，芒果 1 个，猕猴桃 1 个

调料 ◎

香草冰淇淋适量

做法 ◎

1. 西瓜切块去籽，取一部分放入冰箱冷冻室冻成冰。
2. 取出冰冻好的西瓜，用刨冰机刨成刨冰，装入碗中。
3. 将芒果、猕猴桃切片，未冰冻的西瓜挖成球，放在西瓜冰上。
4. 放上香草冰淇淋球即可食用。

CHAPTER 04

暖胃驱寒：姜枣膏

秋天来了，手脚有些发冷？

泡一杯姜枣膏吧，

如同爱人的呵护，令人浑身温暖。

扫我看视频

姜枣膏

◎ 材料

姜 800 克，红枣 300 克

◎ 调料

红糖 500 克

◎ 做法

1. 生姜洗净擦成姜末。
2. 用纱布过滤姜末，挤取姜汁。红枣去核，切碎。
3. 将挤取的姜汁和切好的红枣与红糖一起混入锅中，加热熬煮。
4. 熬至红枣软烂，汤汁变得浓稠即可，晾凉后装罐密封冷藏。
5. 喝时取 1 勺加入适量温水调匀。

CHAPTER 05

润肺佳饮：秋梨膏

皇家御用的养生佳品，

不仅能润肺止咳，

而且还有止渴清心的功效，

最适合秋天饮用。

扫我看视频

食材在高温的锅中，开始变得黏稠，但颜色依旧较淡。

慢慢熬煮的食材会变得更浓稠，秋梨膏的颜色也越发变深，直至变成深褐色。

秋梨膏

材料 ◎

秋梨 3000 克，杏仁粉 20 克，生姜 25 克，红枣 30 克，罗汉果 1 颗，川贝母、麦冬各 20 克

调料 ◎

冰糖 40 克，蜂蜜 100 克

做法 ◎

1. 红枣、生姜切片；罗汉果敲成小块。
2. 秋梨用原汁机分离果渣，只取梨汁。
3. 锅中倒入梨汁，加入除蜂蜜以外所有的食材，熬 40 分钟。
4. 过滤出药渣，将滤好的药汁重新倒回锅中进行熬煮，直到汤汁浓稠。
5. 待凉凉后兑入蜂蜜装瓶，每次取一勺兑温水饮用即可。

CHAPTER 06

宫廷的养颜甜点：阿胶糕

怎样养出水嫩容颜，

如何补出女人好气色，

千年宫廷秘方，

养血阿胶糕，最懂美人心。

扫我看视频

阿胶糕滋补，最好切成 15 克的小块，每日早晚空腹服用一片。

自制的阿胶膏，没添加防腐剂和增稠剂，切好后，最好用保鲜盒密封，放冰箱冷藏保存。

阿胶糕

材料 ◎

阿胶、黑芝麻、核桃仁各 250 克，红枣 150 克，枸杞 100 克

调料 ◎

冰糖 200 克，黄酒 400 毫升

做法 ◎

1. 将阿胶包上毛巾凿碎，加入黄酒浸泡 2 天烊化，每天用木筷搅拌几次。
2. 将黑芝麻和核桃仁倒入锅中用小火炒香。核桃仁和去核的红枣切小块。
3. 砂锅中倒入烊化好的阿胶和冰糖，小火熬煮让冰糖溶化。
4. 阿胶熬至浓稠时，加入红枣、枸杞、核桃，迅速搅拌均匀。
5. 加入黑芝麻，关火，迅速搅拌均匀，装入铺好油纸的容器中压实。
6. 冷却后切成 15 克左右的小块，即可食用。

CHAPTER 07

酸甜爽口：酸米酒

自带气泡的米酒，

有一种令人说不出的亲近感，

酸甜爽口的味道更是令人难以拒绝。

扫我看视频

酸米酒

◎ 材料

糯米 150 克，大米 100 克

◎ 调料

甜酒曲 8 克，酵母粉 5 克

◎ 做法

1. 大米和糯米混合后加水浸泡 3 小时。
2. 泡好的米放入砂锅中加入 600 毫升水，小火煮成浓稠的粥。
3. 晾凉后加入甜酒曲，密封发酵 12~18 小时。
4. 发酵好的米酒中加入酵母粉继续发酵 4~6 小时。
5. 用纱布过滤掉渣，将米酒全部挤出，装瓶冷藏后饮用。

CHAPTER 08

品味悠闲：抹茶牛轧糖

清新降脂的糖果，

怎么少得了抹茶味。

在每个悠闲的时刻，

品味这一份甜蜜，令人心旷神怡。

扫我看视频

刚出锅的牛轧糖块颜色较浅，且绵柔，容易造型。

静置冷却后，牛轧糖的颜色开始变深，并且开始凝固变硬，最好在其不烫手时切块。

抹茶牛轧糖

材料 ◎

棉花糖 90 克，花生 55 克，硅油纸适量

调料 ◎

抹茶粉 5 克，黄油 20 克，奶粉适量

做法 ◎

1. 花生放入锅中炒香，剥去红衣，放入保鲜袋用擀面杖擀碎。
2. 锅中放入黄油、棉花糖，加热至熔化，放入奶粉、抹茶粉、花生碎搅拌均匀。
3. 保鲜盒中放入硅油纸，倒入牛轧糖，用锅铲压平表面，放置等待其冷却。
4. 保鲜盒不烫手时，取出冷牛轧糖，切成均匀的条状。
5. 将牛轧糖装盘，即可食用。

CHAPTER 09

奢华瓜果香：鲜果南瓜派

精致的瓜果派，

奢华的甜点香。

一份鲜果南瓜派，

一段下午的美好时光。

扫我看视频

如果电锅不带烘烤功能，可换成烤箱，设置160℃烤35分钟。

烤好的南瓜派，去掉底盘，摆上鲜果再筛上糖粉，奢华的鲜果南瓜派便制成了。

鲜果南瓜派

材料 ◎

南瓜 250 克，低筋粉 125 克，鸡蛋 2 个，蛋黄 2 个，草莓、蓝莓各适量

调料 ◎

淡奶油 125 克，黄油 50 克，细砂糖 55 克，糖粉适量

做法 ◎

1. 黄油切小块，倒入 25 克细砂糖，筛入低筋粉，搓成屑状的粗粒。
2. 加入蛋黄和成面团，揉至光滑，包上保鲜膜，放入冰箱冷藏 30 分钟。
3. 南瓜切小块蒸熟，捣成泥，加入 30 克细砂糖、鸡蛋、淡奶油拌匀，制成馅。
4. 取出冷藏好的面团擀成圆形面片，放在派盘中，边缘和底部用手压实。
5. 在饼皮底部插一些小洞，倒入南瓜馅，九分满，轻震几下排出气泡。
6. 将派盘放入电锅中烤 30 分钟，冷却后脱模，摆上草莓、蓝莓，筛上糖粉即可。

CHAPTER 10

梅红之恋：盛夏杨梅汁

生津止渴的杨梅，

做成冰镇的果汁，

不仅如同梦幻一般的好看，

而且消暑开胃，令人气舒神爽。

扫我看视频

盛夏杨梅汁

◎ 材料

杨梅 1000 克

◎ 调料

冰糖 300 克，盐少许

◎ 做法

1. 将杨梅洗净，放入盆中。
2. 盆中注入清水，加盐浸泡 30 分钟，沥出杂质捞出。
3. 锅中加入水、杨梅、冰糖煮沸。
4. 关火后，滤出汤汁，装入瓶中。
5. 自然冷却，放冰箱冷藏即可。

CHAPTER 11

金黄诱人：奶香玉米

食物中的“高富帅”，

不仅看上去色泽金黄，

而且口感清脆，味道甜美，

令人食后唇齿生香。

扫我看视频

奶香玉米

◎ 材料

甜玉米 1 根

◎ 调料

黄油 10 克，糖 15 克，盐 2 克，黑胡椒 2 克

◎ 做法

1. 将玉米去皮、去须，洗净，切成 3 段。
2. 在玉米表面涂上一层软化的黄油。
3. 均匀撒上糖、盐、黑胡椒，包上锡纸。
4. 放入烤箱，设置上下火温度 200℃，烤 15 分钟，拿出即可。

CHAPTER 12

蒙古军粮：牛肉干

来自于大草原的馈赠，

传说中蒙古骑兵的军粮。

营养美味，携带方便，

低脂高能量，解馋吃不胖！

扫我看视频

牛肉干

◎ 材料

牛柳 1000 克

◎ 调料

白酒 7 毫升，蚝油 10 克，辣椒粉 7 克，酱油 15 毫升，盐、孜然粉各 5 克，糖 20 克，胡椒粉、五香粉各 3 克

◎ 做法

1. 牛柳切去筋膜，切成条，放入所有调料，拌匀。
2. 将拌匀调料的牛肉条按摩 5 分钟，放入冰箱中腌渍 12 小时。
3. 在烤盘中垫上锡纸，摆上牛肉条，放入事先预热好的烤箱中。
4. 将烤箱温度调至 220℃烤 30 分钟，再翻面烤 20 分钟。
5. 取出烤好的牛肉干，放凉后即可食用。

CHAPTER 13

可爱的甜酱：樱桃果酱

说到可爱的水果，

谁又比得上樱桃呢？

它不仅色泽诱人，而且美味小巧。

制成果酱更是美得不要不要的，让人爱不释手。

扫我看视频

樱桃果酱

◎ 材料

樱桃 400 克，柠檬半个

◎ 调料

冰糖 75 克，白砂糖 30 克，盐少许

◎ 做法

1. 樱桃洗净，戳掉果核，加白砂糖拌匀腌渍 1 小时。
2. 柠檬加盐洗净，剥取柠檬皮，剩下的切开取汁。
3. 将糖渍好的樱桃放入锅中，加入柠檬皮、冰糖。
4. 大火将冰糖煮化转小火慢熬，倒入柠檬汁。
5. 熬至果酱浓稠时关火盛出，趁热装瓶即可。